解密经典

铁甲雄狮——
装甲车

★★★★★ 崔钟雷 主编

吉林美术出版社 | 全国百佳图书出版单位

前言
QIAN YAN

　　世界上每一个人都知道兵器的巨大影响力。战争年代，它们是冲锋陷阵的勇士；和平年代，它们是巩固国防的英雄。而在很多小军迷的心中，兵器是永恒的话题，他们都希望自己能成为兵器的小行家。

　　为了让更多的孩子了解兵器知识，我们精心编辑了这套《解密经典兵器》丛书，通过精美的图片为小读者还原兵器的真实面貌，同时以轻松而严谨的文字让小读者在快乐的阅读中掌握兵器常识。

编　者

目录 MULU

第一章 美国装甲车

- 8 　M75 装甲人员运输车
- 10　M59 装甲人员运输车
- 12　M113 装甲人员运输车
- 14　LVTP5 履带式登陆车
- 16　LAV-25 步兵战车
- 20　M2 步兵战车
- 22　AAV7 两栖步兵战车
- 26　AIFV 步兵战车

第二章 苏联装甲车

- 30　BTR-50 装甲人员运输车
- 34　BTR-60 装甲人员运输车
- 36　BTR-70 装甲人员运输车
- 40　BTR-80 装甲人员运输车
- 44　BTR-90 装甲人员运输车

48　BTR-T 重型装甲人员运输车
52　BMP-1 步兵战车
54　BMP-2 步兵战车
56　BMP-3 步兵战车
58　MT-LB 装甲人员运输车

第三章 英国装甲车

62　FV601 轮式装甲车
66　FV603 装甲人员运输车
68　FV432 装甲人员运输车
70　FV101 装甲侦察车
72　FV721 装甲侦察车
74　"武士"步兵战车

第四章 法国装甲车

78　AMX VCI 步兵战车
80　AMX-10P 步兵战车
84　VXB-170 装甲人员运输车
86　VAB 装甲人员运输车
88　VBCI 步兵战车

第五章 德国装甲车

- 92　HS-30 装甲人员运输车
- 96　"黄鼠狼"I 型步兵战车
- 98　UR-416 装甲人员运输车
- 100　Tpz1 装甲人员运输车

第六章 其他国家装甲车

- 104　意大利 VCC-80 步兵战车
- 106　瑞典 CV9040 步兵战车
- 108　土耳其 FNSS 步兵战车
- 110　保加利亚 BMP-23 步兵战车

第一章
美国装甲车

解密经典兵器

M75 装甲人员运输车

研制历程

1951年1月，美军用T43运货车的底盘研究设计的T18和T18E1多用途装甲车被定位为履带式步兵装甲车。1952年12月，美国陆军决定装备T18E1，并将其定名为M75装甲人员运输车。

载员舱

M75装甲人员运输车的10名乘员坐在车体后部的载员舱内，出入均通过车尾的两扇门，门枢在中央，另外，载员舱顶部也有舱口。

机密档案

型号：M75

乘员+载员：2人+10人

车长：5.193米

车宽：2.844米

战斗全重：18.828吨

最大公路速度：71千米/时

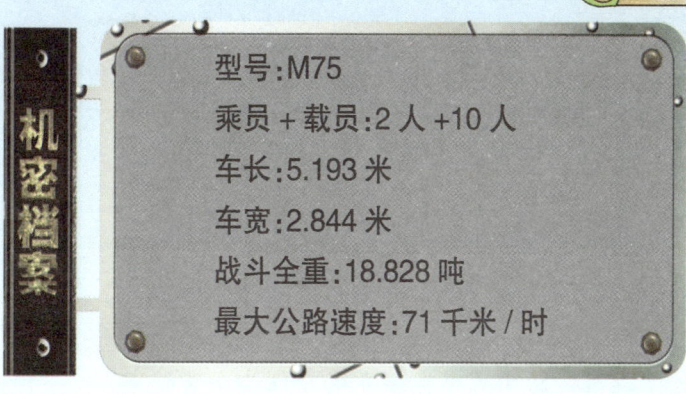

结构特点

　　M75装甲人员运输车车体是全封闭的焊接和铸钢结构，驾驶员位于车前左侧，动力舱在右侧。该车的单扇舱盖能向右旋转打开，车上还装有4个M17潜望镜。车长指挥塔上装有6个观察镜，指挥塔上部转动部分可手动旋转360°，并有向后开的单扇舱盖。

解密经典兵器

M59 装甲人员运输车

结构特点

　　M59 履带式装甲人员输送车的车体为全焊接钢板结构。两台汽油机装在车体两侧和载员舱之间，发动机和传动装置连在一起，动力经过车前两侧变速箱从传动装置传递到车前中央的双速分动箱和可控差速器。

水陆两用

　　M59 履带式装甲人员运输车可水陆两用，在水上行驶时用履带划水。该车前部装有铰接翻转型防浪板，履带上方也安装了橡胶侧板，这样可减少水上行驶时的阻力，但是在入水前需要开动舱底的排水泵。

铁甲雄狮——装甲车

机密档案

型号:M59

乘员+载员:2人+10人

车长:5.613米

车宽:3.263米

战斗全重:19.323吨

最大公路速度:51.5千米/时

多种用途

M59履带式装甲人员运输车能当作救护车、指挥车、人员运输车、侦察车和武器运输车使用。

解密经典兵器

M113 装甲人员运输车

研发历程

为了满足美国陆军对装甲人员运输车成本低、重量轻的要求，FMC 公司于 1956 年研制出了 T-113 和 T-117 试验车。经过对比试验和逐渐改进，T-113E2 型试验车通过了美军的检验，并于 1960 年投产。同年底，该车交付美军使用，并正式定名为 M113 装甲人员运输车。

机密档案

型号：M113A2

乘员+载员：2人+11人

车长：5.3米

车宽：2.686米

战斗全重：12.47吨

最大公路速度：64千米/时

改进型号

M113A1装甲车采用了铝合金装甲,可防枪弹及弹片伤害,但其火力较弱,载员不具备车上战斗能力。M113A2装甲车提高了发动机功率,增加了减震设备,油箱防护力增强,步兵可在车上战斗。M113A3装甲车安装了附加装甲,并配用涡轮增压柴油发动机、扭杆悬挂装置、液压减振器和挂胶履带等。

科普课堂

M113装甲人员运输车重量轻,体积小,机动性能好;有浮渡能力,可执行两栖作战任务;采用动力舱、驾驶室、载员舱隔离方式;变型车多,通用性和维护性较好。

解密经典兵器

LVTP5 履带式登陆车

设计和使用

LVTP5 履带式登陆车的设计工作开始于 1951 年 1 月，并于 1952 年定型投产，生产工作一直持续到 1957 年。LVTP5 履带式登陆车共生产 1 124 辆。该车攻击能力和防护能力较好，但机动性较差。

机密档案

型号：LVTP5

乘员+载员：3 人 +34 人

车长：8.84 米

车宽：3.6 米

战斗全重：31.8 吨

最大公路速度：48 千米/时

结构特点

　　LVTP5履带式登陆车车体为全焊接结构,外层装甲板由骨架支撑,防水密封性较好。车前的液压驱动跳板由内外两层钢板组成,跳板与车体的接缝处粘有实心橡胶密封圈,以保证跳板关闭时的密封性。

改型车

　　LVTP5履带式登陆车的主要改型有LVTP-5H6榴弹炮载车、LVTP-5E1工程车。除此之外,LVTP5履带式登陆车的改型车还有工程抢险车。

解密经典兵器

LAV-25 步兵战车

研制背景

1980年,为了满足新组建的快速部署部队的需要,美军急需一种轮式步兵战车。1982年9月,加拿大通用汽车公司提供的"皮兰哈"轮式装甲车被美军选中,并被命名为LAV-25步兵战车,正式成为美国陆军装备。

你知道吗?

如果给LAV-25步兵战车加装轮履行走机构,可使车辆地面压力大大降低,从而提高车辆在沙地、雪地以及泥泞地等松软地形上的通行能力。

铁甲雄狮
——装甲车

解密经典兵器

结构特点

LAV-25步兵战车车体采用装甲钢焊接结构,车体正面能够抵御7.62毫米穿甲弹的袭击。驾驶员位于车体前左侧,炮塔居中,主炮具有双向稳定性,便于在越野行进间进行射击。LAV-25步兵战车的车轮采用泄气保用轮胎,可以通过中央调压系统进行充气或泄气。

装甲车族

LAV-25步兵战车属于一个装甲车族,其中包括LAV(R)保养抢救车、LAV(L)后勤支援车、LAV(M)自行迫击炮车、LAV(C)指挥控制车和LAV(AT)反坦克导弹发射车,以及正在研制中的自行突击炮车、防空车和机动电子战支援车。

铁甲雄狮
——装甲车

机密档案

型号:LAV-25

乘员+载员:3人+6人

车长:6.393米

车宽:2.499米

战斗全重:12.882吨

最大公路速度:100千米/时

解密经典兵器

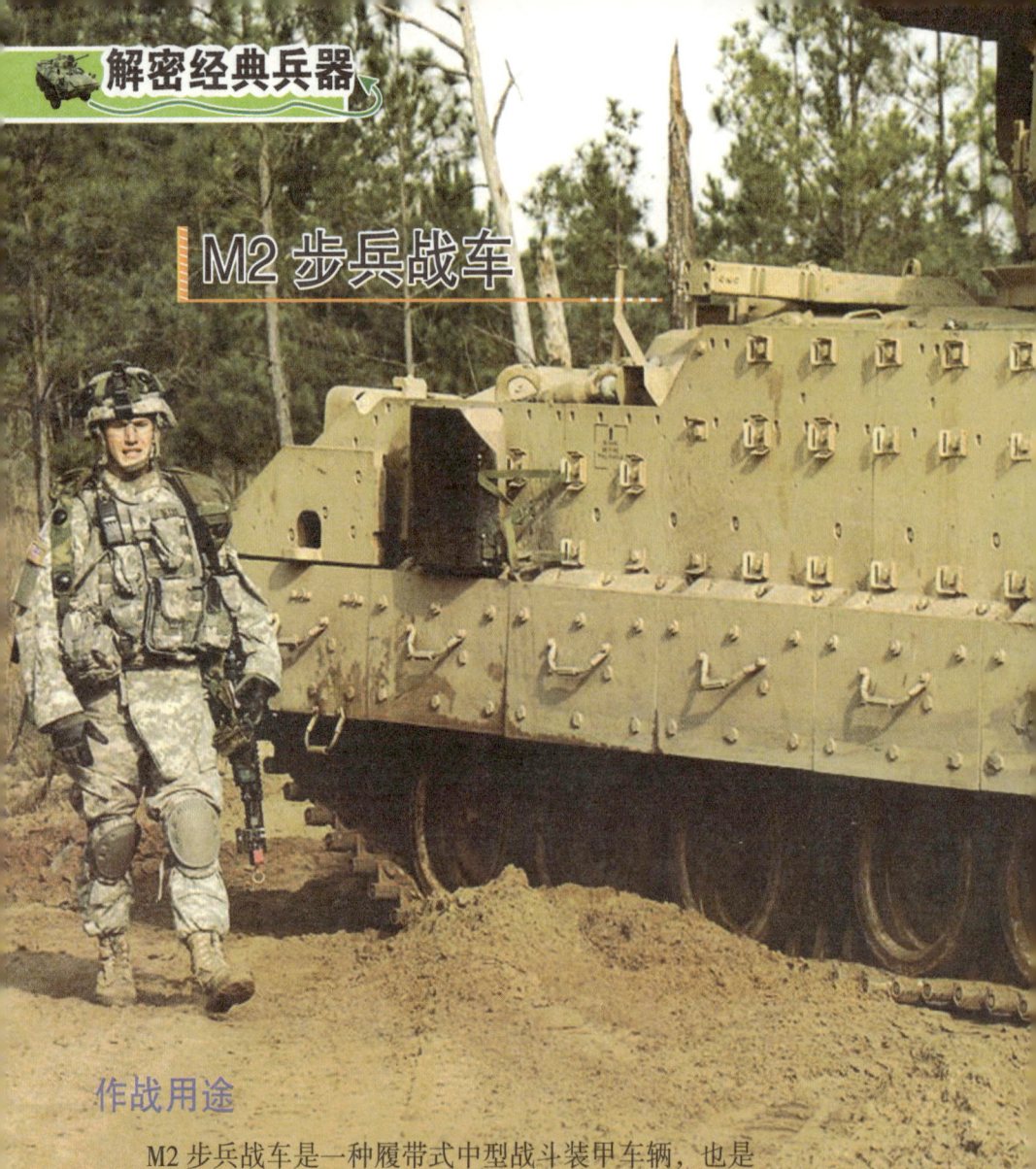

M2 步兵战车

作战用途

M2 步兵战车是一种履带式中型战斗装甲车辆,也是一种能够伴随步兵机动作战的装甲战斗车辆。M2 步兵战车既可以独立作战,也可以与坦克协同作战。

实战表现

M2 步兵战车于 1983 年装备美国陆军,该车综合作战能力较强,曾在伊拉克战争中有良好表现,其击毁的敌军坦克数量甚至超过了 M1 坦克。

铁甲雄狮——装甲车

机密档案

型号：M2

乘员+载员：3人+7人

车长：6.45米

车宽：3.2米

战斗全重：22.67吨

最大公路速度：66千米/时

优劣共存

M2步兵战车装甲防护力较强，能抵御穿甲弹和炮弹的攻击。但M2步兵战车上没有激光测距仪和定位导航系统，在沙漠中易迷失方向。

解密经典兵器

AAV7 两栖步兵战车

研制历程

1964年3月，美国海军陆战队提出研制新型步兵战车的要求。1966年2月，研制工作正式开始，直到1971年，首批样车交付海军陆战队，新型车最初被命名为LVTP7步兵战车，现被称为AAV7两栖步兵战车。

铁甲雄狮——装甲车

机密档案

型号：AAV7

乘员+载员：3人+25人

车长：7.943米

车宽：3.27米

战斗全重：22.838吨

最大公路速度：72千米/时

作战性能

AAV7两栖步兵战车可抵抗三米高的巨浪，并能游刃有余地在水中倒行、旋转，水中机动性能良好；在陆地上更是快速灵活，穿越复杂地形的能力极强。

解密经典兵器

结构特点

　　AAV7两栖步兵战车车体采用整体焊接式全密封结构，由铝合金装甲板制成，能抵御轻型武器、弹片和光辐射烧伤。驾驶员和车长一前一后位于车前左侧；动力舱位于车前部中央；炮塔为全封闭式，位于车前右侧。

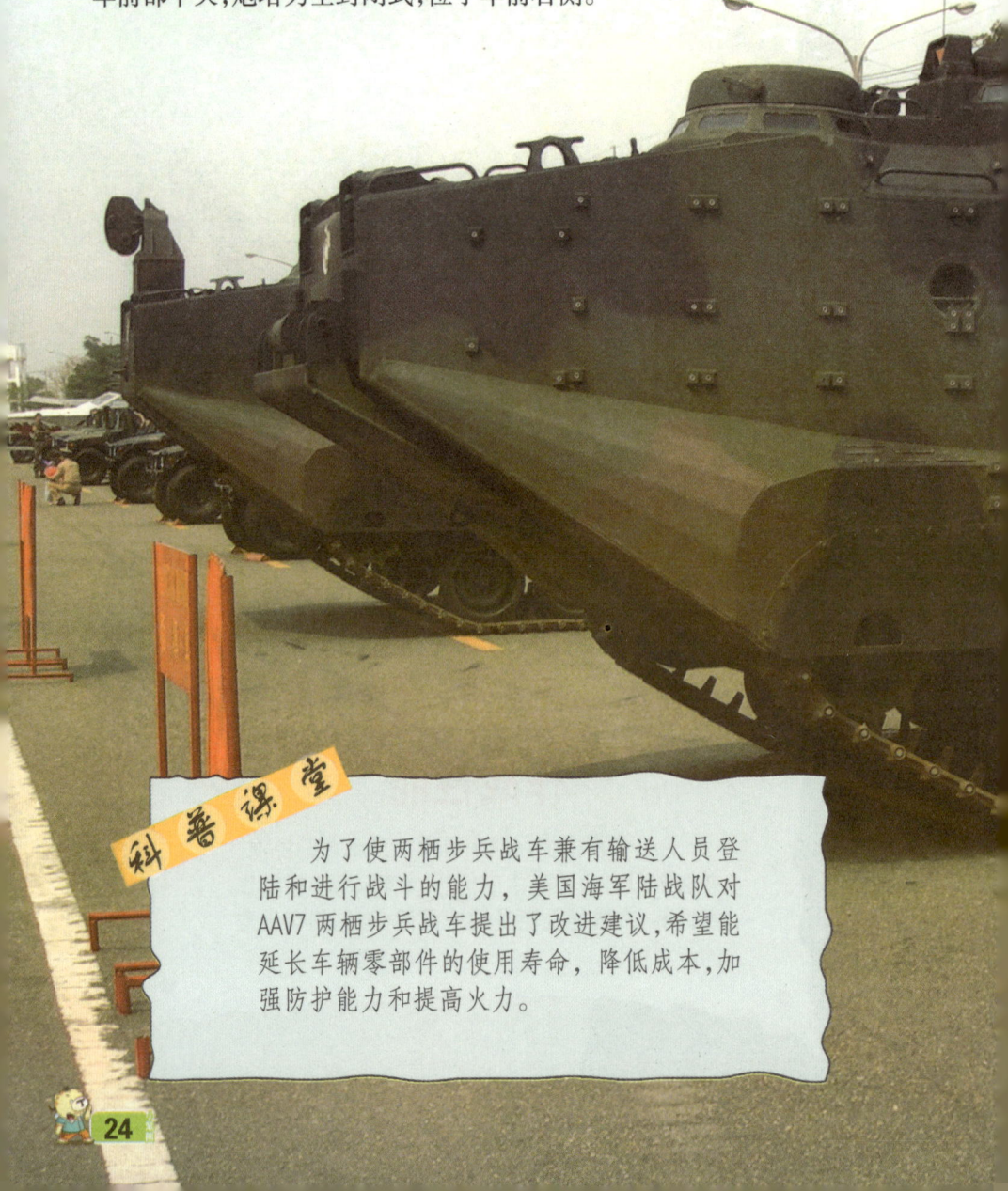

科普课堂

　　为了使两栖步兵战车兼有输送人员登陆和进行战斗的能力，美国海军陆战队对AAV7两栖步兵战车提出了改进建议，希望能延长车辆零部件的使用寿命，降低成本，加强防护能力和提高火力。

铁甲雄狮 —— 装甲车

解密经典兵器

AIFV 步兵战车

结构特点

AIFV 步兵战车车体采用铝合金装甲和附加夹层钢装甲结构,炮塔上装有机关炮和机枪,载员舱两侧分别有两个射击孔,尾门上有 1 个射击孔。车后部是动力操纵的跳板式大门,步兵由此出入。大门左侧是安全门,两侧为燃油箱,有装甲板将其与载员舱隔开。

任选设备

AIFV 步兵战车可配备任选设备,其中包括 25 毫米链式炮、M2HB 机枪、M36 炮手瞄准镜、载员舱或货舱用加温器和发动机冷却液。

机密档案

型号:AIFV

乘员+载员:3人+7人

车长:5.29米

车宽:2.62米

战斗全重:13.69吨

最大公路速度:61.2千米/时

解密经典兵器

两栖作战

AIFV 步兵战车入水前车体前部的折叠式防浪板升起，在水中行驶时能够运用履带划水快速前行。

武器设备

AIFV 步兵战车的主要武器是一门 KBA-B02 机关炮，双向供弹，有待发弹 180 发，备份弹 144 发。主炮左侧还有一挺 7.62 毫米 FN 并列机枪，有待发弹 230 发，备份弹 1 610 发。除此之外，车体前部还有 6 具烟幕弹发射器。

第二章
苏联装甲车

解密经典兵器

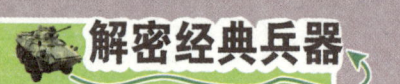

BTR-50 装甲人员运输车

研制背景

在第二次世界大战期间，苏军的步兵主要通过搭乘坦克的方式与坦克协同作战，这虽然提高了推进速度，但增加了士兵在战场上的伤亡率。第二次世界大战后，为了适应新形势的需要，苏军研制了 BTR-50 装甲人员运输车。

你知道吗？

BTR-50 系列装甲人员运输车曾多次参加战斗，包括 1973 年的中东战争，1971 年的印巴战争，以及 1979 年的阿富汗战争。

铁甲雄狮——装甲车

解密经典兵器

BTR-50P

在BTR-50系列装甲人员运输车中,最著名的是BTR-50P装甲运输车。BTR-50P装甲运输车装备苏军不久,就暴露出许多结构上的不合理之处和使用不便等问题。最大的问题是,BTR-50P装甲运输车的舒适性太差,18名士兵挤在狭小的载员室内,非常容易疲劳。

结构特点

BTR-50系列装甲人员运输车的车体为箱型轧制钢装甲板焊接结构。载员舱位于车体前部,内有长条凳,可搭载20名乘员;动力舱位于车体后部,装有动力传动装置。

铁甲雄狮——装甲车

机密档案

型号:BTR-50P

乘员+载员:2人+18人

车长:7.0米

车宽:3.14米

战斗全重:14吨

水上最大航速:11千米/时

解密经典兵器

BTR-60 装甲人员运输车

研制背景

第二次世界大战后,苏联先后研制了若干种轮式装甲车,但其中大多数都没有安装车顶装甲。为了更好地适应多变的战场,苏联决定全面提高装甲战斗车辆的防护水平,于是开始研制 BTR-60 装甲人员运输车。

结构特点

BTR-60 装甲人员运输车的车体由装甲钢板焊接而成,前部为驾驶舱,中部为载员舱,后部为动力舱。驾驶员位于车前左侧,车长和驾驶员可通过观察孔和潜望镜观察车外的情况。

铁甲雄狮——装甲车

机密档案

型号：BTR-60

乘员+载员：2人+14人

车长：7.56米

车宽：2.825米

战斗全重：10.3吨

最大公路速度：80千米/时

后续改进

BTR-60装甲人员运输车的变型车辆陆续安装了火焰探测器、灭火抑爆设备、三防系统和生命支持系统，以提高装甲车辆在现代战场上的生存能力。

解密经典兵器

BTR-70 装甲人员运输车

发展历程

BTR-70 装甲人员运输车是在 BTR-60PB 装甲车的基础上改进而成的。20 世纪 70 年代末，BTR-70 装甲人员运输车开始在苏联陆军中服役，并逐渐取代 BTR-60 系列装甲车。1980 年 11 月，BTR-70 装甲人员运输车参加了在莫斯科红场上举行的阅兵式。

科普课堂

BTR-70 装甲人员运输车的炮塔上装有 14.5 毫米口径的 KPVT 重机枪和 7.62 毫米口径的 PKT 并列机枪各一挺。此外，BTR-70 还可装备防空导弹和反坦克火箭筒。

铁甲雄狮——装甲车

机密档案

型号:BTR-70

乘员+载员:2人+9人

车长:7.535米

车宽:2.800米

战斗全重:11.5吨

最大公路速度:80千米/时

解密经典兵器

结构特点

BTR-70装甲人员运输车的车长和驾驶员并排坐在车的前段,驾驶员在左,车长在右。车前有两个观察窗,战斗时窗口都由顶部铰接的装甲盖板防护,每个窗口有3个前视和1个侧视潜望镜。载员舱在炮塔后面,车体两侧的第二、三轴之间开有向前打开的小门。

你知道吗?

BTR-70装甲人员运输车在入水前会竖起车前防浪板,而在地面行驶时,防浪板则折叠贴在车外装甲上。

铁甲雄狮——装甲车

解密经典兵器

BTR-80装甲人员运输车

研制历史

　　BTR-80装甲人员运输车是在BTR-70装甲人员运输车的基础上改进而成的,由高尔基城高尔基汽车厂研制,外形基本与BTR-70装甲人员运输车相似。BTR-80装甲人员运输车的车体和炮塔装甲可抵御步兵武器、地雷和炮弹破片的攻击。在核、生、化环境中作战时车体和炮塔可迅速密闭,保证车内作战人员的安全。

铁甲雄狮——装甲车

机密档案

型号：BTR-80

乘员+载员：2人+8人

车长：7.65米

车宽：2.9米

战斗全重：13.6吨

最大公路速度：80千米/时

改进之处

与BTR-70装甲人员运输车相比，BTR-80装甲人员运输车在不增加主油箱容量的基础上增大了车辆行程，发动机在-25℃时不经预热就能迅速启动。

解密经典兵器

铁甲雄狮——装甲车

设备齐全

BTR-80装甲人员运输车车内设备齐全，装有灭火装置、伪装器材、生活保障装置、排水设备，还留出专门位置用于放置3个饮料桶、10个口粮带、3件救生背心、10个行囊和车辆备用工具及附件。

水陆两用

BTR-80装甲人员运输车可水陆两用。当遭遇较高水浪时，可竖起通气管不让水流进入发动机内。车上还配备了防沉装置，即使车辆在水中受损，也不会立刻下沉。

解密经典兵器

BTR-90 装甲人员运输车

作战性能

BTR-90 装甲人员运输车上有一门 30 毫米口径的 2A42 型机关炮，可全天候对 2.5 千米以内的各种目标实施精确打击。目前看来，BTR-90 的综合性能已经超过现役轻型坦克了。

你知道吗？

BTR-90 装甲人员运输车可随时蹚过水中的障碍，即使在 4 个轮胎完全损坏的情况下仍具有战场转移能力。

铁甲雄狮
——装甲车

解密经典兵器

结构特点

　　BTR-90 装甲人员运输车车体用高硬度装甲钢制造，为全焊接装甲结构，内有"凯夫莱"防剥落衬层，并可披挂被动附加装甲。该车的装甲具有全方位抵御 14.5 毫米机枪弹的防护力，能防御 RPG-7 反装甲火箭弹的攻击。针对战场上经常遇到的地雷袭击，车体底部和载员座椅都采取了有效防反坦克地雷伤害的装置。

铁甲雄狮——装甲车

机密档案

型号：BTR-90

乘员+载员：3人+9人

车长：7.6米

车宽：3.2米

战斗全重：17吨

最大公路速度：100千米/时

作战任务

BTR-90装甲人员运输车具有较高的机动性、火力和生存能力，能完成为机械化步兵和海军陆战队提供火力支援、输送人员、监视、侦察和巡逻的任务。

解密经典兵器

BTR-T 重型装甲人员运输车

研发目的

在现代战争中，城镇巷战对装甲机械化部队的生存构成了严重威胁。由于普通装甲人员输送车装甲薄弱，在众多反坦克武器下成了移动的活靶子，因此，俄罗斯军方研制了 BTR-T 重型装甲人员运输车。

铁甲雄狮
——装甲车

机密档案

型号:BTR-T

乘员+载员:2人+5人

车长:6.45米

车宽:3.27米

战斗全重:38.5吨

最大公路速度:50千米/时

底盘

由于时间紧迫,BTR-T重型装甲人员运输车并没有重新设计底盘,而是直接采用了T-55坦克的底盘。这不仅使老装备得到了二次利用,还节省了研制经费,可谓一举两得。

解密经典兵器

独特设计

　　BTR-T重型装甲人员运输车除车身主体的装甲比普通装甲人员运输车厚以外，在车体的正面和两侧均安装了俄罗斯最新型的爆炸反应装甲。据说，这种装甲对动能弹和化学能弹的防护力甚至可以与T-80U主战坦克的装甲相媲美。

烟幕弹发射器

BTR-T重型装甲人员运输车的右侧和车顶后部分别安装了烟幕弹发射器，可在短时间内制造一个全方位的烟雾屏障，掩护车辆前进。

解密经典兵器

BMP-1 步兵战车

研发目的

　　BMP-1 步兵战车是苏联于 20 世纪 60 年代中期研制成功的新型装甲车辆。该车主要装备坦克师和摩步师的摩步团，用以取代 BTR-50PK 履带式装甲人员运输车和部分 BTR-60PB 轮式装甲人员运输车。

你知道吗？

　　BMP-1 步兵战车不但有良好的水陆两用性能，还有较高的越野性能。该车不仅能在陆地和水中的恶劣环境中行驶，还能在寒冷的气候条件下快速启动发动机。

铁甲雄狮——装甲车

机密档案

型号：BMP-1

乘员+载员：3人+7人

车长：6.74米

车宽：2.94米

战斗全重：13.3吨

最大公路速度：65千米/时

设计特点

BMP-1步兵战车车首较长，可以保持中心并增加浮力，而且该车车体两侧的射击孔较大，射界较广。另外，BMP-1步兵战车载员舱的舱盖位置较低，可减小火炮俯角死区。

解密经典兵器

BMP-2 步兵战车

问世

BMP-2 步兵战车是在 1982 年的红场阅兵式上首次出现的,其外型与 BMP-1 步兵战车极为相似。

科普课堂

苏联研制的 BMP-1、BMP-2 和 BMP-3 步兵战车可以说是苏联步兵战车的"三兄弟"。BMP 系列步兵战车也是目前世界上装备数量最多、装备国家最多的步兵战车。

铁甲雄狮——装甲车

机密档案

型号:BMP-2

乘员+载员:3人+7人

车长:6.735米

车宽:3.15米

战斗全重:14.6吨

最大公路速度:70千米/时

结构特点

　　BMP-2步兵战车采用30毫米机关炮和拱肩反坦克导弹的双人炮塔,装甲防护能力较强。驾驶舱与动力舱用隔板隔开,隔板可隔音、隔热。为便于驾驶员向前方观察,战车上还配备了3个THPO-170潜望镜。

解密经典兵器

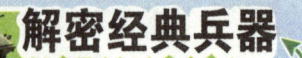

BMP-3 步兵战车

诞生

由于 BMP-2 步兵战车延用了 BMP-1 步兵战车的多数设计,在发展上受到了很大限制,不能满足苏军的要求。20 世纪 80 年代末期,苏联开始着手研制全新的步兵战车,BMP-3 步兵战车在此时诞生了。

总体布局

总体上,BMP-3 步兵战车打破了履带式步兵战车的传统布局,车体呈箱型,车首呈楔形,车尾垂直。该车的驾驶室位于车体前部,战斗室位于中间,载员室和动力室位于车体后部。

铁甲雄狮
——装甲车

机密档案

型号:BMP-3

乘员+载员:3人+7人

车长:6.735米

车宽:3.15米

战斗全重:18.7吨

最大公路速度:70千米/时

发动机

BMP-3步兵战车采用了动力—传动装置后置的设计。这种独特的结构可以稳定车辆重心,还可以增大车首装甲板的倾斜角度,提高车辆的防护能力。

解密经典兵器

MT-LB 装甲人员运输车

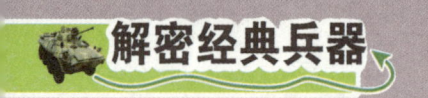

发展历程

20世纪70年代，苏联研制出了 MT-L 装甲人员运输车。MT-LB 是 MT-L 的装甲型，于20世纪70年代投产。该车除了在苏联生产外，波兰和保加利亚也得到了该车的生产权。

你知道吗？

MT-LB 装甲人员运输车有多种用途，可充当火炮牵引车和急救车，战场适应能力较强。

铁甲雄狮——装甲车

机密档案

型号:MT-LB

乘员+载员:2人+11人

车长:6.45米

车宽:2.86米

战斗全重:11.9吨

最大公路速度:61.5千米/时

解密经典兵器

武器装备

MT-LB 装甲人员运输车的车体前部有一个小型炮塔，炮塔可360°旋转，并拥有 -5°—+30° 的射角，炮塔上还安装了一挺 7.62 毫米 PKT 机枪。

整体结构

MT-LB 装甲人员运输车结构非常特别，它的传动装置在车体前面，后面是指挥舱，发动机在车体中部偏左位置。该车的车体是由轧制装甲板整体焊接而成的，可保护乘员和登陆队员免受敌方手提式轻武器子弹、火炮弹片和地雷碎片的杀伤。

第三章
英国装甲车

解密经典兵器

FV601 轮式装甲车

研制背景

1946年1月,英国陆军决定用新的装甲车代替第二次世界大战时期英国使用的装甲车,并开始研制FV600系列装甲车。这一系列的装甲车第一批有三种型号,分别是:FV601"萨拉丁"装甲车、FV602指挥车和FV603装甲人员运输车。

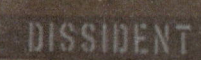

设计理念

对于装甲车来说,良好的越野性能至关重要。FV601装甲车采用了平行6轮的设计方案,当一个车轮受损严重时,车辆可以继续行驶到安全地带。

铁甲雄狮——装甲车

机密档案

型号:FV601

乘员:3人

车长:5.29米

车宽:2.54米

战斗全重:11.59吨

最大公路速度:72千米/时

解密经典兵器

结构特点

　　FV601装甲车车体采用全焊接钢板制成,内部共分为三个舱,依次是前部的驾驶舱、中间的战斗舱以及后部的动力舱。驾驶舱的前部有一个可折叠的舱盖,舱盖打开后可以扩大视野。战斗舱与动力舱之间由防火隔板隔开。

解密经典兵器

FV603装甲人员运输车

生产情况

FV603装甲人员运输车于1952年投产,到1972年总产量达1 835辆。FV603装甲人员运输车曾大量出口,并成为重要的装甲作战力量。在许多国家,该车的服役时间一直持续到20世纪90年代。

装备情况

目前,已装备FV603装甲车的国家有英国、约旦、科威特、黎巴嫩、利比亚、南非、苏丹、泰国等国。

你知道吗？

FV603装甲人员运输车的车体采用钢板全焊接结构。发动机在前,驾驶员座位位于车体前部、发动机后方,车长的座位位于驾驶员的左后方。

铁甲雄狮——装甲车

机密档案

型号：FV603

乘员+载员：2人+10人

车长：5.23米

车宽：2.54米

战斗全重：10.17吨

最大公路速度：72千米/时

解密经典兵器

FV432 装甲人员运输车

独特设计

FV432 装甲人员运输车设计独特,驾驶员位于车前右侧,并有 1 个单扇向左打开的舱盖。舱盖上装有大角度潜望镜,夜间驾驶时可以换成微光夜视潜望镜。该车的操纵机构位于车体前方,操纵装置由操纵杆、油门踏板和变速杆等组成,并可依靠前方能够打开的舱口进行保养。

潜望镜

FV432 装甲人员运输车的舱盖上装有 AFVN033MK1 大角度潜望镜,夜间驾驶时,该潜望镜可换成 MELL5A1 微光夜视潜望镜。

作战用途

FV432装甲人员运输车是重要的协同作战车辆,曾一度被冠以"特洛伊"的称号。该车也是最早拥有核生化过滤装备的装甲人员运输车之一。

机密档案

型号:FV432

乘员+载员:2人+10人

车长:5.25米

车宽:2.8米

战斗全重:15.28吨

最大公路速度:52.2千米/时

解密经典兵器

FV101 装甲侦察车

设计特点

　　FV101 装甲侦察车车体为全焊接铝合金装甲结构，主要武器是 1 门 76 毫米火炮，动力装置位于车体前部，即使在原地也能顺利地完成转向工作。

作战表现

　　FV101 装甲侦察车重量轻，速度快，并拥有良好的武器装备。它在中东战争和福克兰群岛战役中，被誉为"无所不在"的装甲车。

铁甲雄狮——装甲车

科普课堂

FV101装甲侦察车的变型车主要有FV102"打击者"反坦克导弹发射车、FV103"斯巴达人"装甲运输车、FV104"撒玛利亚人"装甲救护车、FV105"苏尔坦"装甲指挥车、FV106"大力士"装甲抢救车和FV107"弯刀"侦察车等。

机密档案

型号：FV101

乘员：3人

车长：4.79米

车宽：2.40米

战斗全重：8.1吨

最大公路速度：80.5千米/时

解密经典兵器

FV721 装甲侦察车

发展历程

1965年,英国开始制订研制FV721装甲侦察车的计划。1967年,FV721装甲侦察车的第一辆样车生产完成并于次年开始进行各种使用试验。1970年,英国军队开始接受该车服役。

主炮

FV721装甲侦察车使用的主炮是30毫米口径"拉登"炮,可以发射多种型号的炮弹,最多可完成6发连射,在战场上可以提供强大的火力。

机密档案

型号:FV721

乘员:3人

车长:4.22米

车宽:2.13米

战斗全重:5.85吨

最大公路速度:105千米/时

铁甲雄狮——装甲车

总体布局

　　FV721 FOX装甲侦察车的车体和炮塔均为铝合金焊接而成,可以防止重型枪弹和弹片的袭击。炮塔位于车体中间的上方。车长兼做装填手,位于炮塔左侧,炮手位于右侧。

解密经典兵器

"武士"步兵战车

主要武器

"武士"步兵战车的主要武器是1门30毫米"拉登"机关炮,最大射程4千米,有效射程1千米。该机关炮可发射脱壳穿甲弹,在1.5千米的距离内可击穿倾斜角为45°的40毫米厚的钢装甲。

装甲雄狮——装甲车

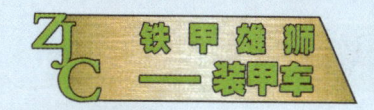

机密档案

型号:"武士"

乘员+载员:3人+7人

车长:7米

车宽:3.4米

战斗全重:30.4吨

最大公路速度:75千米/时

作战用途

"武士"步兵战车在实战中可用来攻击敌方的步兵战车和轻型装甲车辆,也可排除地雷等前进障碍,但若攻击敌方主战坦克则显得威力不足。

解密经典兵器

侦察能力

英国"武士"步兵战车的车长配有9具潜望镜。这9具潜望镜分布在车内,使得该战车具有了周视直接观察能力,同时提高了侦察能力。

第四章
法国装甲车

解密经典兵器

AMX VCI 步兵战车

研制背景

20世纪50年代初,法国霍奇基斯公司生产的TT6和TT9装甲人员运输车均因不能满足法军需要而被淘汰。为尽快满足法军的需求,AMX VCI步兵战车应运而生。1955年,AMX VCI步兵战车的第一辆样车制造完成,它向人们充分展示了新型步兵战车的风采。

你知道吗?

AMX VCI步兵战车的车长和驾驶员位置都配有3个潜望镜,驾驶员位置中间的潜望镜可以换成红外夜间驾驶仪或微光夜间驾驶仪。

铁甲雄狮——装甲车

机密档案

型号:AMX VCI

乘员+载员:3人+10人

车长:5.7米

车宽:2.67米

战斗全重:15吨

最大公路速度:64千米/时

生产情况

1957年,AMX VCI步兵战车正式在法国罗昂制造厂投产,后来转到了克勒索-卢瓦尔公司继续生产,并且一直延续到现在。迄今为止,AMX VCI步兵战车已生产近3000辆。

解密经典兵器

AMX-10P 步兵战车

研制背景

1965年，为了取代老式的 AMX VCI 步兵战车，法国 AMX 制造厂按照法国陆军的要求研制出了 AMX-10P 步兵战车。1968年，第一辆样车研制成功；1972年，AMX-10P 步兵战车投产。AMX-10P 步兵战车有迫击炮车、火力支援车、反坦克导弹发射车等多种变型车辆。

科普课堂

AMX-10P 步兵战车为水陆两栖装甲车。该车后部安装有两台喷水推进器，车体底部有两个排水泵，保证车辆在水上行驶的时候也有较高的机动性。

铁甲雄狮——装甲车

机密档案

型号:AMX-10P

乘员+载员:3人+8人

车长:5.78米

车宽:2.78米

战斗全重:14.5吨

最大公路速度:65千米/时

解密经典兵器

铁甲雄狮
——装甲车

结构特征

　　AMX-10P 步兵战车的车体由铝合金焊接而成。它采用的是伊斯帕诺-絮扎多种燃料发动机，功率很大。车体上部安装有小型炮塔，位于车辆中央偏左。该炮塔能容纳车长和炮手，炮手在左，车长在右。车体后部的液压传动梯可供乘员出入。

武器配置

　　AMX-10P 步兵战车车体后部装有汤姆逊-布朗特武器公司生产的线膛迫击炮，并配有辅助装弹装置，可用于攻击和自卫。

解密经典兵器

VXB-170 装甲人员运输车

总体配置

VXB-170 装甲人员运输车车体为全焊接钢板。驾驶员的位置是在车体的前部左侧，车长的座位在其右侧。车体的前面和两侧均开有防弹玻璃窗，并装有甲板防护，保证该车在战斗中的安全性。

机密档案

型号：VXB-170
乘员+载员：1人+11人
车长：5.99米
车宽：2.5米
战斗全重：12.7吨
最大公路速度：85千米/时

行驶方式

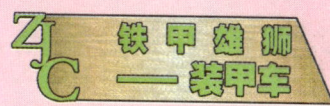

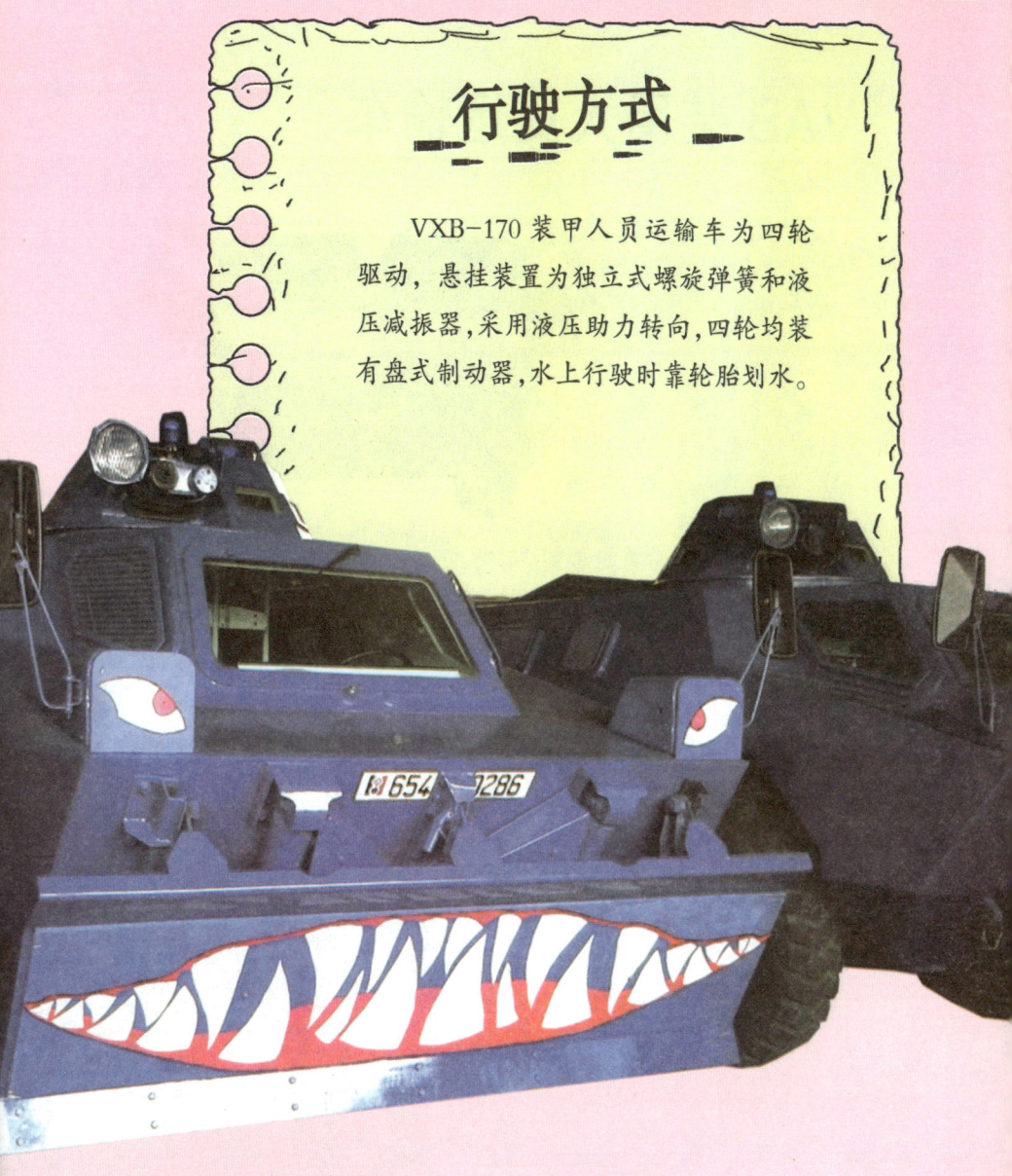

VXB-170装甲人员运输车为四轮驱动,悬挂装置为独立式螺旋弹簧和液压减振器,采用液压助力转向,四轮均装有盘式制动器,水上行驶时靠轮胎划水。

潜望镜

VXB-170装甲人员运输车内的装置很齐全,在驾驶员座位顶部装有3个潜望镜,因此保证了其在闭窗行驶时,驾驶员可以观察外面的情况。

解密经典兵器

VAB 装甲人员运输车

车体设计

VAB 装甲人员运输车的驾驶员在左侧，旁边装有三防滤清器；枪手位于右侧，可根据不同车型使用不同武器；中间部分安装有发动机、主油箱和灭火系统。

武器特点

VAB 装甲人员运输车的火炮装有高效率的炮口制退器，能发射尾翼稳定脱壳穿甲弹，该车也因此成为较早安装大口径火炮并发射脱壳穿甲弹的装甲人员运输车。

铁甲雄狮——装甲车

机密档案

型号：VAB

乘员+载员：2人+10人

车长：5.98米

车宽：2.49米

战斗全重：13吨

最大公路速度：92千米/时

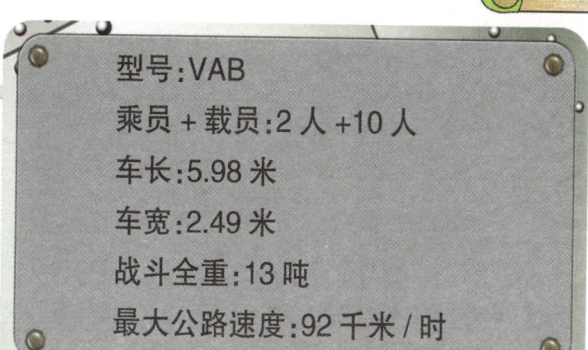

优越性

　　VAB装甲人员运输车在路面和越野行驶中有较高的机动性；拥有多种变型车，能完成多种战斗任务；造价低廉，保养简单。

解密经典兵器

VBCI 步兵战车

运输标准

VBCI 步兵战车是法国新一代的轮式步兵战车,2008年进入现役,替代了原为法国陆军服役的履带式 AMX-10P 步兵战车和 VAB 4×4 车。VBCI 步兵战车具备了与主战坦克接近的机动性,并且通过了公路和铁路运输标准。

你知道吗？

VBCI 步兵战车上装备有光学激光防护系统,车底装有防地雷模块,并且还装有自动防护系统,其总体的防护水平是其他轮式步兵战车不可相提并论的。

铁甲雄狮——装甲车

机密档案

型号：VBCI

乘员+载员：2人+10人

车长：5.9米

车宽：2.6米

战斗全重：14吨

最大公路速度：60千米/时

解密经典兵器

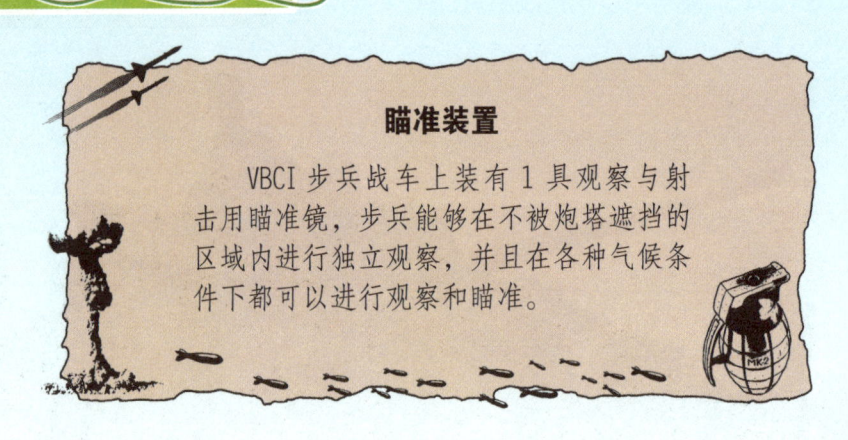

瞄准装置

VBCI步兵战车上装有1具观察与射击用瞄准镜，步兵能够在不被炮塔遮挡的区域内进行独立观察，并且在各种气候条件下都可以进行观察和瞄准。

武器与改进

VBCI步兵战车上装有自动炮和并列机枪。生产型VBCI步兵战车有小部分改进，如改进了舱口盖、储藏室，以及为提高态势感知在步兵舱中增加了潜望镜。

第五章
德国装甲车

解密经典兵器

HS-30 装甲人员运输车

研制背景

德国于 1955 年就开始批量生产 HS-30 装甲人员运输车。1958 年，首批 HS-30 装甲人员运输车开始进入德国陆军服役。

铁甲雄狮——装甲车

机密档案

型号:HS-30

乘员+载员:3人+5人

车长:5.56米

车宽:2.54米

战斗全重:14.6吨

最大公路速度:58千米/时

设计特点

HS-30装甲人员运输车的车顶不仅可供人员出入,也可以折叠作为炮座使用,这样既节省了空间,又增强了HS-30装甲人员运输车的攻击力,是一个一箭双雕的设计。

解密经典兵器

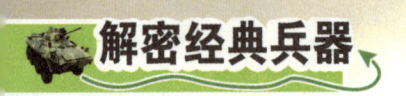

武器

HS-30 装甲人员运输车配备了一门 20 毫米口径的火炮，这在当时是一种火力超强的武器，一度被誉为第一代步兵战车的典型特征之一，而 HS-30 装甲人员运输车也因此具备了强大的攻击能力。

铁甲雄狮——装甲车

多国参与生产

HS-30装甲人员运输车的诞生是瑞士、德国和英国共同努力的结果。HS-30装甲人员运输车由瑞士伊斯帕诺-絮扎公司设计,引擎由英国劳斯莱斯公司提供,德国工厂生产。

科普课堂

HS-30装甲人员运输车的变型车有指挥车、通信车和炮兵侦察车等,现在该车及其变型车种已全部退役。

解密经典兵器

"黄鼠狼"I型步兵战车

车体设计

"黄鼠狼"I型步兵战车车体由装甲钢焊接结构包裹,可防枪弹和炮弹碎片。车体的左前部是驾驶舱,驾驶员配备3个潜望镜,其中一个有夜视功能。

你知道吗？

为了提高防护能力,"黄鼠狼"I型步兵战车采用厚重装甲的设计,大大增加了重量,该车也因此成为世界上最重的步兵战车之一。

铁甲雄狮——装甲车

机密档案

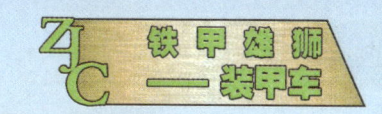

型号:"黄鼠狼"I型

乘员+载员:3人+6人

车长:6.9米

车宽:3.24米

战斗全重:30吨

最大公路速度:75千米/时

解密经典兵器

UR-416 装甲人员运输车

综合情况

德国 UR-416 装甲人员运输车的第一辆样车是在 1965 年研制成功的。到 1969 年,该车正式投产。此后生产出的 1000 多辆 UR-416 装甲人员运输车多被南美、非洲等国家购买。

结构特点

UR-416装甲人员运输车的车体后门上装有一个备用车轮。该车的动力系统为戴姆勒－奔驰公司的OM352型6缸水冷柴油机。传动装置为8个前进挡和2个倒挡的机械式变速箱。该车的前后车轮均装有筒式液压减振器。

车体设计

UR-416装甲人员运输车车体是全焊接钢板结构,这样的结构使得它在面对轻武器、炮弹碎片以及一些杀伤性地雷时都显得从容不迫。

机密档案

型号:UR-416
乘员＋载员:2人＋8人
车长:5.1米
车宽:2.25米
战斗全重:7.6吨
最大公路速度:85千米/时

解密经典兵器

Tpz1 装甲人员运输车

研制背景

为适应国防部发展新一代装甲车的要求,德国于1964年研制出了Tpz1装甲人员运输车。最终,首批Tpz1装甲人员运输车在1979年交付使用。

配备武器

Tpz1装甲人员运输车装有一门20毫米加农炮或一挺7.62毫米机枪,用于自卫,但其多数变型车只装有机枪,没有加农炮。

铁甲雄狮——装甲车

机密档案

型号：Tpz1

乘员+载员：2人+10人

车长：6.83米

车宽：2.98米

战斗全重：19吨

最大公路速度：105千米/时

解密经典兵器

变型车

在 Tpz1 装甲人员运输车投产并进入部队服役后，德国人又在 Tpz1 装甲人员运输车的基础上生产出了多种变型车。

后续发展

德国通过不断升级，保证 Tpz1 装甲人员运输车能够适应现代战争的需要。目前，最新的车型 Tpz1A7 装甲人员运输车已经在巴尔干地区服役。

第六章
其他国家装甲车

意大利 VCC-80 步兵战车

武器

VCC-80 步兵战车搭载的武器主要有一门机关炮，辅助武器为一挺并列机枪，另外还有激光测距仪和热像仪等设备。

车体设计

VCC-80 步兵战车的车体和炮塔均采用铝合金焊接结构，并有螺栓将车体附加的钢装甲与车体本身相连。VCC-80 车体比较矮，驾驶舱中有 3 个潜望镜，分别安装在车体的前方和两侧。该车的炮塔是由电力驱动的，位于战车的中央部位，可旋转 360°。

铁甲雄狮——装甲车

机密档案

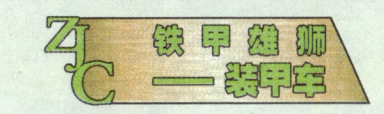

型号:VCC-80

乘员+载员:3人+6人

车长:6.71米

车宽:3米

战斗全重:21.7吨

最大公路速度:71千米/时

自动化

　　VCC-80步兵战车的自动化水平和装甲防护水平较高,车内乘员可通过车后液压操纵的跳板式后门上下车。

解密经典兵器

瑞典 CV9040 步兵战车

车体设计

　　CV9040 步兵战车车体由全焊接钢装甲制成，车体左前侧是驾驶员的位置，右侧则是发动机的安装位置。车体中后部为一个空间较大的步兵舱。车体上安装了 3 架可在车体密封时使用的潜望镜，这保证了该车在任何情况下都可以监视车外情况的变化。

作战特点

　　CV9040 步兵战车外形低矮，避弹性能好，车内空间大，可容纳多种设备。这样的设计特点使该车尤其擅长摧毁敌方装甲车辆和打击敌方地面部队。

铁甲雄狮 ——装甲车

机密档案

型号：CV9040

乘员+载员：3人+8人

车长：6.47米

车宽：3.01米

战斗全重：22.4吨

最大公路速度：70千米/时

人员安置

CV9040步兵战车炮塔的左侧配有1挺机枪，另有两组手榴弹发射器分置在炮塔两侧。炮塔内的2个"博福斯"迫击炮也可兼做照明弹的发射器。车体后面的步兵舱最多可容纳8名乘员，有后门供人员进出。

解密经典兵器

土耳其 FNSS 步兵战车

车体结构

FNSS 步兵战车车体由全焊接铝装甲包裹,车体外部还铆装着一层钢制额外装甲,这极大地提升了该战车的防护性。

车体设置

FNSS 步兵战车的舱室分配状况与其他同类产品类似。驾驶舱位于车体左前方,配备 4 架白昼用潜望镜。驾驶员后面的战斗舱是车长的位置,配备 5 架白昼用潜望镜。

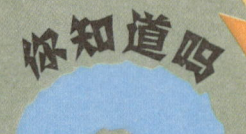

你知道吗？

为了使车辆具备快速改装能力,FNSS 步兵战车的顶部采用可拆卸式铝制装甲,从而使车辆能够被改装为多种车型,如救护车、指挥车和武器运载车等。

铁甲雄狮——装甲车

机密档案

型号:FNSS

乘员+载员:3人+7人

车长:5.26米

车宽:2.82米

战斗全重:13.69吨

最大公路速度:61.2千米/时

解密经典兵器

保加利亚 BMP-23 步兵战车

"玫瑰钢刺"

1972年,保加利亚获准生产苏联 MT-LB 多用途履带式装甲车。保加利亚在该车基础上改装出 BMP-23 步兵战车,这使保加利亚首次有了国产装甲战车。保加利亚盛产玫瑰,有"玫瑰之国"之称,所以人们称 BMP-23 步兵战车为"玫瑰钢刺"。

机密档案

型号：BMP-23

乘员+载员：3人+7人

车长：7.29米

车宽：2.85米

战斗全重：15.2吨

最大公路速度：61.5千米/时

车体设置

BMP-23步兵战车的车体前部为驾驶室，中部是动力舱，战斗室被放在了中部偏后的位置。车体上设有射击孔供舱内的人员射击使用。车体上的炮塔是双人炮塔，这也是保加利亚自主设计的。

武器装备

BMP-23装甲战车上的主要武器有机关炮，可发射曳光杀伤燃烧弹和曳光穿甲燃烧弹。炮塔后部上方有1具AT-3"耐火箱"反坦克导弹发射器。反坦克导弹的数量为4枚。新型的BMP-23A步兵战车将AT-3换为AT-4"塞子"反坦克导弹，使破甲威力有所提高。

图书在版编目(CIP)数据

铁甲雄狮：装甲车／崔钟雷主编. -- 长春：
吉林美术出版社，2013.9（2022.9重印）
（解密经典兵器）
ISBN 978-7-5386-7902-1

Ⅰ. ①铁… Ⅱ. ①崔… Ⅲ. ①装甲车 –世界 –儿童读物 Ⅳ. ①E923.1-49

中国版本图书馆 CIP 数据核字（2013）第 225145 号

铁甲雄师：装甲车
TIEJIA XIONGSHI: ZHUANGJIACHE

主　　编	崔钟雷
副主编	王丽萍　张文光　翟羽朦
出版人	赵国强
责任编辑	栾　云
开　　本	889mm×1194mm　1/16
字　　数	100 千字
印　　张	7
版　　次	2013 年 9 月第 1 版
印　　次	2022 年 9 月第 3 次印刷

出版发行	吉林美术出版社
地　　址	长春市净月开发区福祉大路5788号
	邮编：130118
网　　址	www.jlmspress.com
印　　刷	北京一鑫印务有限责任公司

ISBN 978-7-5386-7902-1　　　定价：38.00 元